城市公共园林
景观设计及精彩案例

CHENGSHI GONGGONG YUANLIN
JINGGUAN SHEJI JI JINGCAIANLI

◎ 路萍　万象　编著

APTIME 时代出版
时代出版传媒股份有限公司
安徽科学技术出版社

图书在版编目(CIP)数据

城市公共园林景观设计及精彩案例 / 路萍,万象编著.--合肥:安徽科学技术出版社,2018.1
ISBN 978-7-5337-7383-0

Ⅰ.①城… Ⅱ.①路…②万… Ⅲ.①城市景观-园林设计-案例 Ⅳ.①TU-856②TU986.2

中国版本图书馆 CIP 数据核字(2017)第 256315 号

城市公共园林景观设计及精彩案例　　路　萍　万　象　编著

出 版 人:丁凌云　　选题策划:刘三珊　杨都欣　　责任编辑:杨都欣
责任校对:程　苗　　责任印制:李伦洲　　封面设计:王天然
出版发行:时代出版传媒股份有限公司　http://www.press-mart.com
安徽科学技术出版社　http://www.ahstp.net
(合肥市政务文化新区翡翠路 1118 号出版传媒广场,邮编:230071)
电话:(0551)63533330
印　　制:合肥华云印务有限责任公司　电话:(0551)63418899
(如发现印装质量问题,影响阅读,请与印刷厂商联系调换)

开本:787×1092　1/16　　印张:10　　字数:240 千
版次:2018 年 1 月第 1 版　　2018 年 1 月第 1 次印刷

ISBN 978-7-5337-7383-0　　定价:60.00 元

版权所有,侵权必究

前言

公共园林是指现代城市中公共绿地内的园林景观，是城市绿地系统中最重要的组成部分，其在改善空气质量、降低噪音、减缓城市热岛效应等方面发挥积极作用，同时又为市民提供安全舒适的休闲游憩、户外健身和防灾避险的绿色公共空间。公共园林是自然、人文景观与休闲娱乐、生态功能的有机结合，具有不可替代性，其环境效益、生态效益和社会效益显著。

目前，我国城镇化进程明显加快，各地在建设和管理城市的过程中，以可持续发展的理论为指导，注重生态安全建设，加大投资力度，将城市公共园林建设作为城市基础设施的重要组成部分，各类公共园林建设项目争相上马，建设热情空前高涨。但在规划建设公共园林时，如何尊重历史和生态基底，顺应自然机理、控制投资规模、降本增效、营造特色显得尤为重要。今后我国城市公共园林建设应以“生态优先，绿量为主，提升功能，兼顾景观”为原则，不断加强城市生态环境建设，增加城市绿地、绿量，提高城市生态环境质量，从而逐步建设社会和谐，经济高效，生态良好的生态园林城市。本书提出公共园林的概念，借鉴国内外公共园林建设的经验，结合自身30余年的从业体会，总结介绍了常见的公共园林的形态、作用、功能和赏析技巧，以及规划设计、建设中应注意的相关问题，仅供园林从业人员及相关爱好者参考。

由于时间仓促，编者水平有限，书中难免出现错误和疏漏，望广大读者给予批评和指正！

编者

目录

CONTENTS

一　公共园林概念及发展趋势　1

二　公共绿地的设计与赏析　11

（一）公园的概念和功能　11

（二）简述我国公园分类系统　12

（三）城市公园规划设计的基本原则　12

（四）城市公园规划布局　13

三　综合公园设计与赏析　19

（一）概述　19

（二）植物选择和总体布局　20

（三）综合公园分区规划　25

四　社区公园设计与赏析　47

（一）社区公园的概念　47

（二）社区公园的特点　52

（三）社区公园的设计要求　57

五　生态公共绿地　59

（一）生态公共绿地的概念及作用　59

（二）生态公共绿地的规划要求　61

（三）生态公共绿地的设计要求　65

六 主题公园的设计与赏析 75
（一）主题公园的概念及作用 75
（二）主题公园的功能 78
（三）主题公园的规划方法与分类 81

七 山体公园的设计与赏析 83
（一）山体公园的概念及作用 83
（二）山体公园的规划要求 85
（三）山体公园的设计要求 89
（四）安全性设计 94

八 湿地公园的设计与赏析 95
（一）湿地公园的概念及作用 95
（二）湿地公园的规划要求 97
（三）湿地公园的设计要求 101

九 道路绿地的设计与赏析 107
（一）道路绿地的概念和功能 107

十 河道水系绿地的设计与赏析 141
（一）河道水系绿地的概念和功能 141
（二）河道景观规划的原则 145
（三）河道水系绿地的设计要求 150

一

公共园林概念及发展趋势

公共园林通常是指城市公园、广场绿地、道路绿地以及河道湖滨绿地等城市公共绿地的园林景观。公共园林中的绿色植物通过其生理活力的物质循环的能量循环产生生态效益，通过植物景观美化城市环境和为人们提供游憩空间，提高民众生活质量，创造减灾条件（如火灾）和提供避灾场所（如地震），产生城市安全效益，以及改善城市投资环境和促进旅游业的发展所产生的多项经济效益都是城市生态系统中除城市植被以外的其他生态因子所不能提供的，其生态性、社会性和公共性的作用无可替代。随着社会的进步，科学技术的发展和普及，人们越来越清醒地认识到生态协调的绿色

图1-1　法国凡尔赛宫园林

图1-2　意大利台地园林

环境是人类生存和发展的基础。目前，我国已进入了工业化中期，城镇化进程明显加快。各地在建设和管理城市的过程中，以可持续发展的理论为指导，将城市园林绿化作为城市环境和城市基础设施的重要组成部分，加大投资力度，使我国的城市园林绿化水平显著提高，公共园林更是作为城市的市政基础建设内容得到了快速的发展。公共园林是城市民众共享的园林，是城市绿地系统中最重要的组成部分，它对城市的生态、公共空间及避险场所的形成以及塑造人与自然和谐的环境有着决定性的作用。

虽然公共园林作用巨大，但对公共园林的认识和发展却是工业化以后的事。欧美发达国家在工业化以前，园林一般为贵族满足自身的休憩、娱乐及视觉景观上的装饰和美化作用的需要而建造，并形成了以意大利台地园和法国凡尔赛宫为代表的规则式园林模式和英国自然主义的风景园模式。这些园林都属于私有财产，那时基本无公共园林的概念。

图1–3　英国风景园林（1）

图1–4　英国风景园林（2）

工业化大生产导致城市人口急剧增加。在社会财富迅速积聚的同时，城市的卫生、环境也开始严重地恶化。人们逐渐认识到增加城市公园等公共园林能解决活动场所需求以及改善城市形象等问题。1810年，伦敦的皇家花园摄政公园除一部分被用于房地产开发，其余部分正式向公众开放。从1833年起，英国议会颁布了一系列法案，开始准许动用税收建造城市公园和其他城市基础设施。1843年，英国利物浦市动用税收建造了对公众开放的伯肯海德公园，标志着第一个城市公园的正式诞生 。

图1-5　法国巴黎埃菲尔铁塔景区

此时的城市公共园林建设主要是从美观的角度出发，把机械的形式美作为主要的目标，进行城市中心地带大型项目改造和兴建，并试图以此来解决城市和社会问题，这个时期的城市公共园林只是建筑的延伸和扩大，是室外的绿色建筑。引导公共园林发展的是一种“绝对美”的思想，绝对美的要求是“秩序、比例、对称、均衡、和谐和明快”。绝对美的代表就是景观大道、城市广场。绿化的主体是草坪和人工修剪的几何形植物，其作用是对建筑和广场的装饰和美化。如在16世纪形成的巴洛克城市模式(即通过对旧罗马的改造，使整个城市似一座“雕刻”出来的纪念性建筑)，1893年在芝加哥举行的世博会，可以说是美国当年城市美化运动的直接导火索和前奏，以城市中心地带的几何设计和唯美主义为特征的城市美化运动席卷全美。

图1-6　法国巴黎埃菲尔铁塔景区（2）

图1-7　法国巴黎埃菲尔铁塔景区（3）

图1-8　加拿大温哥华生态景观

图1-9　加拿大渥太华城市公园

图1-10　美国纽约中央公园1

图1-11　美国纽约中央公园2

20世纪中叶后，随着工业化进程的加剧，人们对自然环境的破坏越来越严重，环境质量不断下降，各种生态灾害频繁发生。而那些曾经建设的公共园林项目，不仅建造时花费了高昂的代价，而且实用性差，生态价值低，每年需庞大的资金进行维护。这使人们不得不重新审视和反思人与自然的关系，认识到只有走出人类中心论的藩篱，建立人类与自然界全面和谐共处、协调发展的关系，人类社会才能可持续地生存和发展；认识到当代城市最为急需的是治理污染、绿化环境、改善生态。在此基础上，城市美化运动很快

图1-12　加拿大魁北克城市公园

被科学的规划思想所替代。城市公共园林的生态性观念愈来愈受到重视，人们开始重视城市绿化植物群落的研究和生物多样性研究，强调城市公共园林的生态功能，以能量流和物质流为研究对象的生态学和以空间结构为研究对象的景观规划日益融合。城市公共园林的作用不再仅是建筑、广场、景观大道的装饰物，而是被赋予了更为重要的生态功能。

图1-13　北京故宫

图1-14　苏州拙政园

图1-15　无锡寄畅园（1）

新中国成立前，我国的城市园林大多是以皇家宫苑和私人宅院为主，园林大多是建筑的附属，起点缀作用，根本无系统建设的城市公共园林，当时园林的作用是作为少数人休闲、娱乐、游憩的场所，园林的形式以追求皇权气势或呈现山水意境为主。如北京的故宫和苏州的拙政园等。

图1-16　无锡寄畅园（2）

新中国成立后百废待兴，基于对人民文化生活的关心和重视，许多城市开始兴建公园，进行街道绿化和单位绿化。1958年，中央提出“实现大地园林化”的号召，对当时的城市园林绿化工作的发展起到了很大的推动作用。这一时期的城市园林绿化建设工作在很大程度上受到苏联园林风格的影响，形式主要为苏联模式，即把城市园林绿化看作是改善人们生活和卫生条件的主要因素，同时，也是点缀、美化城市的重要手段。因此，在所有改建和新建城市中规定要在建设城市的同时，有计划地创造完整的绿地系统，但在指导思想上还是存在着建筑优先，绿地填空，公共绿地系统规划主要奉行抽象的传统布局模式。由于历史原因，20世纪六十年代到七十年代我国的城市园林受到了极大的破坏，直到十一届三中全会后，随着党和国家的工作重心转移到以经济建设为中心，我国的城市园林绿化建设才迎来了它蓬勃发展的时期。

图1—17　杭州太子湾公园

图1—18　徐州百果园

图1-19　杭州西湖

图1-20　徐州云龙湖公园

进入21世纪后，随着我国经济的快速发展，工业化、城市化进程明显加快，随之而来的城市环境问题日益突出，越来越多的公众意识到城市公共园林对改善生态环境的重要作用。这一时期的城市园林绿化工作的特点是政府对绿化指标的宏观管理，在财政上加大投入力度，但对具体地块的绿化方案论证不够，城市各类绿地的功能定位、作用随意变更的现象较严重。

图1-21　南京玄武湖

图1-22　马鞍山鹃岛（1）

从可持续发展的角度来看，今后的城市建设应当是以“生态优先，绿地优先，开敞空间优先”为原则，以加强城市生态环境建设为重点，增加城市绿量，提高城市生态环境质量，以建设社会和谐，经济高效，生态良好的生态园林城市为目标。

未来的几十年将是我国城市公共园林大发展的时期，城市公共园林的建设规模和速度将超过我国历史上的任何一个时期。生态合理的城市绿地系统将使城市整体运行的更加高效和谐。城市公共园林建设的思路也将是：坚持以人为本，人与自然和谐相处为原则，突出生态环境建设，体现生态安全、生态文明的城市建设理念，以建设布局合理、功能完备、效益显著的城市绿地系统为重点，科学规划，部门联动，政府主导，全民参与，加快公共园林建设步伐，改善城市生态环境，促进城市社会经济可持续发展。

图1-23　马鞍山鹃岛（2）

二

公园绿地的设计与赏析

（一）公园的概念和功能

公园是供公众游览、观赏、休憩、健身及开展科学文化等活动，有较完善的配套设施和良好的绿化环境的公共绿地。公园一般可分为城市公园、森林公园、主题公园、专类园等。

城市公园是一种能为人们提供具有休闲、游乐和健身功能的绿色场所，是城市的绿色基础设施，和城市生态系统的重要一环，也是城市的主要开放空间，它主要为人们提供休闲、游憩、活动及避险等场所，同时也是社会文化的传播场所。

1. 城市公园的社会文化功能

（1）休闲游憩功能

城市公园是绿色公共开放空间，是人们的主要休闲游憩场所，为人们提供了优良的户外活动环境，它承担着满足人们休闲游憩活动需求的主要职能。这也是城市公园最主要、最直接的功能。

（2）科普教育功能

由于城市公园是面积较大的开放公共场所，也为科学文化知识的传播提供了公共空间。

2. 城市公园的防灾避险功能

城市公园由于具有大面积公共开放空间，为人们在遇到灾害时防灾避险提供了保障场所。城市公园可作为地震发生时的避难地、火灾发生时的隔离带，大型城市公园还可作为救援直升机的降落场地、救灾物资的集散地、救灾人员的驻扎地及临时医院所在地、灾民的临时住所和倒塌建筑物的临时堆放场等。

3. 城市公园的生态环境功能

（1）改善城市生态的功能

城市公园由于具有大面积的绿化植被，所以无论是在防止水土流失、净化空气（杀菌、滞尘、防尘、防霾、防风）、降低辐射、防噪音、调节小气候、缓解城市热岛效应等方面都能发挥良好的生态功能。因此，城市公园作为城市的绿肺，在防治环境污染、改善城市生态等方面具有重要的作用。

（2）美化城市环境的功能

城市公园是城市中最具自然特性的场所，种植了大量的绿色植物，是城市的绿色软质景观，它和城市建筑等硬质景观形成鲜明的对比，使城市景观得以美化优化。同时，城市公园也是所在城市的主要景观所在。因此，城市公园在美化城市环境中具有举足轻重的地位。

（二）简述我国公园分类系统

我国公园的分类一般是分为下列 12 类：

A. 综合性公园；B. 儿童公园；C. 动物园；D. 专类动物园；E. 植物园；F. 专类植物园；G. 盆景园；H. 风景名胜公园；I. 其他专类公园(如地质公园、郊野公园、森林公园、湿地公园、主题公园、滨海公园)；J. 居住区公园；K. 带状公园；L. 街旁游园。

本书中根据建设规模、功能、审批流程的不同和叙述上的方便主要按以下几类进行叙述：

a. 综合公园；b. 社区公园；c. 生态公共绿地；d. 主题公园；e. 山体公园；f. 湿地公园。

（三）城市公园规划设计的基本原则

1. 奥姆斯特德（美国风景园林学的奠基人，被誉为美国风景园林之父）原则

(1) 保护自然景观，恢复或突出自然景观。

(2) 除了少数情况外，尽可能避免套用规则。

(3) 开阔的草坪要设在城市公园的中心地带。

(4) 选用当地的乔木和灌木栽植成边界。

(5) 城市公园中的所有园路应设计成流畅的曲线，并形成循环系统。

(6) 主要园路要基本上能穿过整个园区，并将全园划分为不同的区域。

2. 我国城市公园规划设计的基本原则

(1) 贯彻国家在园林绿地建设方面的方针政策，遵守相关规范标准。如国务院颁布的《城市绿化条例》，及相关行业标准。

(2) 须充分考虑到大众对城市公园的使用要求，丰富城市公园的项目设施。

(3) 继承和创新我国造园艺术系统，同时吸收国外先进造园经验。

(4) 因地制宜，使城市公园与当地历史文化及自然景观相结合，体现地方特点和

风格，使每个城市公园都有各自的特色。

(5) 充分利用园区现状及自然地形，合理对公园各个构成部分进行造型，使不同功能区域各得其所并相得益彰。

(6) 规划设计要切合实际，满足工程技术和经济要求，并制订切实可行的分期建设计划及经营管理措施。

（四）城市公园规划布局

1. 公园规划结构

（1）景点与景区

景点：景点是构成园林绿地的基本单元。凡是具有一定的景观艺术审美价值的观赏点就可以称之为景点。

景区：由若干个景点组成，若干个景区组成整个公园，这是我国传统的“园中有园，景中有景”的造园手法。景区中的景点是相互关联的，各景点在景观构成和空间组织上协调统一，组成一个完整的园林空间。

（2）风景视线与景观序列

风景视线：观赏点与景点间的视线，称为风景视线。优美的景点，必须选择好观赏点的位置和适宜的视距，即确定风景视线。

开门见山式风景视线：采用“显”的手法，可用对称或均衡的中轴线引导观赏者的视线前移。

欲显还隐式风景视线：这种布景方式是利用地形、树丛等对主要景物进行障景的同时显露景物的一部分，引导人们接近景点。

深藏不露式风景视线：这种布景方式是将景点或景区深藏在山峦丛林之中，层层引导风景视线递进。

景观序列

三段式：①序景→起景→发展→转折→②高潮→③转折→收缩→结景→尾景。

两段式：①序景→起景→转折→②高潮（结尾）→尾景。

2. 公园规划布局的一般原则与形式

（1）规划布局的一般原则

①根据公园的性质、功能确定公园的内容、设施与形式。

②公园中不同功能的区域和不同景点、景区应注意各自位置的确定及空间的处理。

③公园应具有自己的特点，有突出的主题，并注重全园的协调统一。

④因地制宜，巧于因借，充分利用现有条件及景观要素。

⑤需充分考虑工程技术上的可实施性。

（2）规划布局的基本形式

1）规则式公园主要特征

中轴线：全园在平面规划上有明显的中轴线，并大多依中轴线的前后左右对称或拟对称布置，园地的划分大都成几何形体，并有一些纵横向副轴线对全园进行协调控制。

地形：在开阔较平坦的地段，公园由不同高程的水平面及倾斜的平面组成；在山地或丘陵地段，公园由阶梯式的大小不同的水平台地、倾斜平面及石阶组成，其剖面为直线组合。

水体：其外轮廓以圆形和长方形为主，水体的驳岸多整齐、垂直；水景的类型有整形水池、瀑布、喷泉、壁泉、水渠、运河等，雕塑与喷泉是构成水景的主要内容。

道路广场：广场多呈规则对称的几何形，主轴和副轴线上的广场形成主次分明的系统；道路为直线形、折线形或几何曲线形。广场与道路构成方格形、环状放射形，形成中轴对称或不对称的几何布局。

建筑：主要建筑多对称布置在中轴线上，主体建筑组群和单体建筑多采用中轴对称的均衡设计，并多以主体建筑群和次要建筑群形成与广场、道路相结合的主轴、副轴系统。

种植规划：与中轴对称的总格局相适应，全园树木配植以等距离行列式、对称式为主，树木修剪整形多模拟建筑形体、动物造型；绿篱、绿墙、绿门、绿亭的应用是规则式园林较突出的特点。园内常用大量绿篱、绿墙和丛林划分和组织空间；花卉布置以图案式模纹花坛、花境为主，或由数组花坛组成大规模的花坛群。

园林小品：规则式园林中盆树、盆花、雕塑、瓶饰、园灯、栏杆等装饰物应用较多，雕塑多置于道路轴线的起点、交点、终点上。

图2-1　公园绿地的设计（1）

图2–2　公园绿地的设计（2）

图2–3　公园绿地的设计（3）

2）自然式公园主要特征

地形：在地形复杂的地区，多为自然地形或自然地形与人工的山体水面相结合，再现自然界的山峰、山巅、崖、岗、岭、峡、谷、坞、坪、洞、穴等地貌景观；在平原地区，多为自然起伏、和缓的微地形，地形的剖面线为自然的缓和曲线。

图2–4　公园绿地的设计（4）

图2–5　公园绿地的设计（5）

图2–6　公园绿地的设计（6）

图2–7　公园绿地的设计（7）

水体：岸线多为自然岸线，驳岸多用自然山石布置，或作自然倾斜坡度，水面形式多样，有溪流、池沼、湖泊、瀑布、泉、港、湾、潭、跌水等形式。扣在建筑附近或根据造景需要也会局部用条石砌成直线驳岸。

道路广场：多采用不对称的建筑群、山石、自然形状的树丛、林带等来组织广场空间；也有一些建筑前广场为规则式。道路的平面和剖面多为自然曲线和起伏曲折的平曲线和竖曲线。

建筑：单体建筑多为对称或不对称的均衡布局；建筑群或大规模建筑组群多采用不对称的均衡布局。园内建筑组合不以轴线控制，但局部仍有轴线处理。

种植规划：植物配植力求反映自然界植物群落之美，不成行成排栽植，树木不整形，以孤植、丛植、群植为主要种植形式。花卉以花丛、花群和花镜为主要形式，庭院内也有花台的应用。

园林小品：多采用峰石、假山、石品、桩景、盆景、砖雕、石雕、木刻等丰富园林景观。

3）混合式公园主要特征

严格地说，一个公园是绝对的规则式或绝对的自然式，在现实的园林营造中是难以做到的。公园的布局即有规则式又有自然式的园林，称之为混合式公园。

图2-8　公园绿地的设计（8）

三

综合公园设计与赏析

（一）概述

1. 概念

综合公园是指绿地面积较大和户外游憩内容较丰富、功能相对齐全的城市公共绿地。

2. 综合公园的面积

由于综合公园包括较多的活动内容和设施，因而通常占地面积较大，一般不少于 $10km^2$，节假日游人的容纳量为服务范围内居民人数的 15%~20%。

3. 综合公园位置规划原则

（1）要方便人们游憩，以交通便利及与城市主要道路有密切联系为宜。

（2）有可挖掘的历史人文典故。

（3）地形较为复杂，以有起伏较大的坡地和自然的河滨、湖泊水系为宜。

（4）植被丰富，林木较多。

（5）为城市未来发展留有余地。

4. 综合公园规划时须考虑的因素

（1）当地风俗传统。

（2）综合公园在城市中所处的位置。

（3）综合公园周边现有的文化娱乐设施。

（4）综合公园面积的大小。

（5）综合公园现有的自然条件。

（二）植物选择和总体布局

1. 植物选择

综合公园生态环境相对复杂，分区及文娱活动项目较多，因此选择园林植物时既要结合综合公园的特殊性，又要考虑植物对环境的要求。一般而言，植物选择要以本土植物为主。对外来植物的选用上要充分论证原产地与引种地的环境差异，尽可能选用已在当地引种成功的植物。由于城市生态系统的特殊性，还要视城市具体情况而选种植物，如对综合公园周边地区常见的二氧化硫 、氟化物、氯以及氯化氢 、光化学烟尘等污染物质进行调查，根据园林植物的抗性和耐性，有针对性地进行植物的选择。

2. 总体布局

要选几种与综合公园特色协调的大树形成全园的基调树种，常绿树种与落叶树种按所在地纬度和经度各占一定的比例，按树林或群植的方式种植，这样既能显示四季的景观变化，又能充分发挥乔木树林的生态效益，保证综合公园植物群落的长期稳定，使综合公园的社会效益和经济效益得到充分发挥。

乔、灌、藤、花、草的合理配置，不仅能增加植物的多样性，形成符合生态要求的植物群落，而且也是景观构图的重要因素。乔木是构成园林景观空间的骨干植物，花灌木处于群落的中层，多数是花形和花色均很美丽、观赏价值较高的植物，既填充了空间，又增加了美感，合理布局不同花期且花期较长的花灌木植物是对主要景观空间的补充；藤本植物可布置在不同的层次和空间，是软化生硬建筑面的极好材料，不少藤本植物具有极高的观赏价值；草本花卉、草坪和其他地被植物因具有品种繁多、花形花色艳丽的特性，在城市综合公园中占有重要位置，常较大面积的布置;由此可见，乔木是形成景观的骨架，灌木是形成景观空间的主体，地被和草坪植物是形成景观风格的基础。

总之，综合公园植物的总体布局不仅要形成具有地方特色的乔、灌、藤、花、草浓郁景观，同时又要体现出具有“四时不谢之花，八节长青之草 ”的园林特征。

3. 植物配置基本方式

综合公园中，植物配置通常是采用自然式布局，但在局部区域，尤其是主体建筑物附近和主干道路旁侧则通常采用规则式布局。园林植物的布置方法主要有孤植、对植、列植、丛植和群植等几种。

孤植主要显示植物的个体美，常作为园林空间的主景。对孤植树木的要求是：姿态优美，色彩鲜明，体形较大，寿命长而有特色。周围配置其他树木，应保持合适的观赏距离。在珍贵的古树名木周围，不可栽植其他乔木和灌木，以保持它独特的风姿。用于庇荫和孤植的树木，要求树冠宽大，枝叶浓密，叶片大，病虫害少，以圆球形、伞形树冠为宜。

图3-1　孤植(1)

图3-2　孤植(2)

图3-3　列植

对植即对称地种植大致相等数量的树木，多应用于园门，建筑物入口处，广场或桥头。对植时还应保持景观形态的均衡。

列植也称带植，是指成行成带栽植树木，多应用于主干园路的两旁，或规则式广场的四周。若作为园林景观的背景或隔离措施，宜密植，以形成树屏。

图3-4　丛植

图3-5　群植（1）

丛植是指三株以上不同树种的组合，是园林中普遍应用的方式，可用作主景或配景，也可用作背景或隔离措施。配置宜自然，符合艺术构图规律，要求既能表现植物的群体美，也能体现出树种的个体美。

群植为相同树种的群体组合，树木的数量较多，以表现树种群体美，具有“成林”之趣。

图3-6　群植（2）

4. 植物配置的基本要求

在园林空间中，无论是以植物为主景，或由植物与其他园林要素共同构成主景，在植物种类的选择，数量的确定，位置的安排和方式的采取上都应强调主体，做到主次分明，以表现园林空间景观的特色和风格。

对比和衬托，利用植物不同的形态特征，运用高低、姿态、叶形叶色、花形花色的对比手法，表现一定的艺术构思，衬托出美丽的植物景观。在树丛组合时，要注意相互间的协调，不宜将形态姿色差异很大的树种组合在一起。

层次和背景，为克服景观的单调，宜以乔木、灌木、花卉、地被植物进行多层次的配置。不同花色花期的植物间分层配置，可以使植物景观丰富多彩。背景树一般宜高于前景树，栽植密度宜大，最好能形成绿色屏障，色调宜深，或与前景有较大的色调和色度上的差异，以加强衬托效果。

图3-7　苏州某风景区一角

图3-8　加拿大魁北克城市公园

综合公园植物配置实质是在满足植物生物学习性和生态学特点以发挥植物的生态功能为基础的一种艺术创作过程。

（三）综合公园分区规划

综合公园因内容、大小和作用不同，分区也各有不同，综合公园一般可分为文化科普区、儿童游戏区、娱乐性运动区、休息区、经营管理区等。

1. 文化科普区

文化科普项目大多集中布置在人流较集中的地区。游人密度较大，人均用地需 $30m^2$ 以上；建筑较密集，建筑功能多样。

文化科普区布局要求：建在综合公园适中位置；因地制宜，按照功能布置设施；项目间需适当分隔；要方便人流疏散，人流量大的项目尽量接近综合公园出入口；道路及设施要能满足使用需求；要充分利用地形布置动、植物展区，设小动物园、小植物园或品种园；水电设施配备要齐备，要合理布置给排水、电力和通信设施。

文化科普区的植物配置：文化科普区是游人进行各种文娱活动的区域，具有人流量大、活动形式多等特点，其周边应布置高大乔木，形成浓郁的绿化氛围；区域内用小乔木、花灌木或绿篱进行小区分隔；因形就势布置花台、花坛、花镜及摆放盆花，构成繁花似锦的植物景观，以烘托整个区域的绿化气氛。

图3-9　综合公园科普区的植物配置（1）

图3-10　综合公园科普区的植物配置（2）

图3-11　综合公园科普区的植物配置（3）

图3-12　综合公园科普区的植物配置（4）

图3-13　综合公园科普区的植物配置（5）

图3-14　综合公园科普区的植物配置（6）

图3-15　综合公园科普区的植物配置（7）

图3-16　综合公园科普区的植物配置（8）

图3-17　综合公园科普区的植物配置（9）

2. 安静休息区

休息区的设计特点：以休闲安静的活动为主，如休息、学习等；游人密度小、环境宁静；人均用地需在 $100m^2$ 以上；点缀布置有休憩功能的园林建筑及小品。

休息区的布局要求：休息区应布置在地形有起伏，植物景观较优美处，如山林中、河湖边等位置；园林建筑分散布置，格调以素雅为主，适于点景和休憩；要远离主入口，要与喧哗区有隔离并与老年人活动区靠近。

休息区的植物配置：休息区是专供游人休息、晨读、散步、欣赏自然风景的区域。休息区应形成树林群落景观，构成由天然的树林组成"氧吧"。这个区域应尽量充分体现乔、灌、藤、花、草构成的自然景观。要根据地形、水体及亭、榭、廊、室（茶室 、阅览室、图书室等）的布局特点，进行植物配置，形成不同风格的景观效果，创造出比其他区域更为清新宁静的园林氛围。

图3-18　综合公园休息区的植物配置（1）

图3-19　综合公园休息区的植物配置（2）

图3-20　综合公园休息区的植物配置（3）

图3-21　综合公园休息区的植物配置（4）

图3-22　综合公园休息区的植物配置（5）

图3-23　综合公园休息区的植物配置（6）

图3-24　综合公园儿童活动区的植物配置（1）

3. 儿童活动区

儿童活动区的设计特点：主要布置儿童活动项目；游人密度大，人均用地需 $50m^2$ 以上；人流量大，环境喧哗；布置有多种游戏、游艺设施。

儿童活动区的分区布置：学龄前儿童区场地面积较小，幼儿活动范围小，应布置安全、平稳的活动项目。

学龄儿童区场地面积大，儿童活动范围较大，可安排各类型游乐设施。

儿童活动区的规划要求：本区应靠近综合公园主入口处，但要避免影响大门区域景观；符合各年龄段儿童活动要求，造型生动；所用植物与设施必须无害；外围可布置树林与草坪；活动区旁应安排成人休息、服务设施。

儿童活动区的植物配置：儿童是综合公园的"常客",通常占游人总数的三分之一左右。儿童具有天性活泼、好奇和喜动的特点，因此在这一区域内的植物品种应丰富多彩，最好选用颜色鲜艳，叶、花、果形态奇特的植物品种，以激发儿童对大自然的热爱；此区域需布置一定面积的草坪，为儿童提供嬉戏的场所。由于儿童的控制力

图3-25　综合公园儿童活动区的植物配置（2）

图3-26　综合公园中老年活动区的植物配置（1）

图3-27　综合公园中老年活动区的植物配置（2）

和认知度很差，在儿童游戏区域不能布置有毒、有刺、有臭味、易引起皮肤过敏、有过多飞絮、易生病虫害和结浆果的植物，如夹竹桃、凤尾兰、枸骨、火棘、蔷薇、漆树、闹羊花、凌霄、杨树、柳树等植物。

4. 中老年活动区

中老年活动区特点：主要布置中老年人活动项目；游人密度稍小，环境较安静；面积不宜太大，必须有健身场地；一般在游览区、休息区旁。

中老年活动区规划要点：注意动、静分区；配置齐备的活动与服务设施；注重景观的文化内涵和表现；注意满足安全防护要求。

中老年活动区植物配置：此区域内的植物景观可采用乔、灌、草相结合的种植方式，注意落叶树与常绿树的搭配，可以用绿篱的形式对活动场地进行围和，静态空间要以配置观赏植物为主，从而形成优美的活动空间。可以在植物配置上创造一些养生保健型的生态群落，构建利于中老年人身心健康的户外环境。

图3-28　综合公园娱乐活动区的植物配置（1）

5. 娱乐运动区

娱乐运动区的设计特点：以娱乐运动场所为主；游人密度随时段不同而变化；环境相对比较喧闹；一般设在综合公园侧边，有专用出入口。

娱乐运动区的布置要求：周边须有隔离性绿化带；体育建筑要讲究造型；要注意与整个综合公园景观相协调；要注重景观的文化内涵和表现。

图3-29　综合公园娱乐活动区的植物配置（2）

图3-30　综合公园娱乐活动区的植物配置（3）

娱乐活动区的植物配置：用林带或疏林将其隔离，减少运动场对外界的影响，同时也可减少外界的干扰，场地周围绿地以乔木为主，少种花灌木，以留出较多空地供活动使用。一般不配置带刺激气味的树种，利用植物的姿态、色彩、季相变化，采用如乔木+草坪、花灌木+地被、乔木+灌木+草坪等多样化的植物配置模式，营造出朝气蓬勃、简洁大方而又富于变化的运动空间。植物色彩以明快、单纯、饱和度高的色彩为主（如嫩绿、金色、彩色）。静态娱乐区植物配置应从隔音的角度出发，选择枝叶繁盛、树冠紧密的树种或是常绿树种，在活动区边缘设置隔音林带。动态运动区的植物配置可以运用枝条曲折或柔软的树种来表现运动者的姿态；也可依靠人工修剪出富有节奏变化的绿篱，或将不同色彩的绿篱相互穿插，拼出具有流动感的线条，或重复应用对称式种植单元等形式。

6. 其他景点和景区的植物配置和造景

综合公园的主要出入口，大都面向城市主干道，绿化时应注意丰富街景，并与大门建筑风格相协调。大门前的停车场四周可用乔木、灌木绿化，以便夏季遮阴及隔离周围环境；大门内部可用花池、花坛、灌木与雕像或导游图相结合造景，也可铺设草坪、种植花灌木，但不应阻碍视线，且须便利交通和游人集散。

图3-31　其他景区植物配置和造景（1）

图3-32　其他景区植物配置和造景（2）

图3-33　其他景区植物配置和造景（3）

图3-34　其他景区植物配置和造景（4）

主要园路绿化可选用高大、荫浓的乔木和耐阴的花卉植物在道路两旁布置“花境”，但在设计上要有利于园区交通，还要根据地形、建筑、风景的需要而造型。次要园路，延伸到综合公园的各个角落，其绿化更要丰富多彩，达到移步换景的目的。园路间的交叉口是游人视线的焦点，可用花灌木点缀装饰。

图3-35　其他景区植物配置和造景（5）

图3-36　其他景区植物配置和造景（6）

图3-37　其他景区植物配置和造景（7）

图3-38　其他景区植物配置和造景（8）

图3-39　其他景区植物配置和造景（9）

图3-40　其他景区植物配置和造景（10）

图3-41　其他景区植物配置和造景（11）

图3-42　其他景区植物配置和造景（12）

图3-43　其他景区植物配置和造景（13）

图3-44　其他景区植物配置和造景（14）

图3-45　其他景区植物配置和造景（15）

图3-46　其他景区植物配置和造景（16）

图3-47　其他景区植物配置和造景（17）

7. 综合公园水边植物配置

综合公园水边的植物配置要注重构图的艺术，切忌等距种植或整形式修剪，以免造型上失去美感。在构图上，可以用探向水面的枝、干，尤其是“似倒未倒”的水边大乔木，以起到增加水面层次和丰富画面感的效果，或运用群植树形高耸的树木与平静的水面形成对比，在色彩上注意对比和变化。

图3-48 综合公园水边植物配置（1）

图3-49 综合公园水边植物配置（2）

图3-50 综合公园水边植物配置（3）

图3-51　综合公园水边植物配置（4）

图3-52　综合公园水边植物配置（5）

图3-53　综合公园水边植物配置（6）

图3-5 驳岸植物配置

8. 驳岸边植物配置

驳岸边的植物配置的原则是既能使山和水融成一体，又对水面的空间景观起着主导作用。

9. 土岸边植物配置

土岸边的植物配置，要结合地形、道路、岸线布局，有近有远，有疏有密，有断有续，曲曲弯弯，自然有趣。

图3-55 土岸植物配置（1）

图3-56 土岸植物配置（2）

10. 石岸边植物配置

石岸因其线条生硬、枯燥，植物配置原则是露美、遮丑，使之柔软多变，一般岸边配置垂柳和迎春，让细长柔和的枝条下垂至水面，遮挡石岸，同时配以花灌木和藤本植物，如鸢尾、菖蒲、燕子花、地锦等来局部遮挡石岸以增加活泼气氛。

图3-57　石岸边植物配置（1）

图3-58　石岸边植物配置（2）

图3-59　石岸边植物配置（3）

图3-60　石岸边植物配置（4）

11. 水面植物配置

水面植物配置要与水边景观呼应，广阔的水域中可配置荷花、睡莲等水生植物，形成“接天莲叶无穷碧，映日荷花别样红”的意境。但若岸边有亭、台、楼、阁、榭、塔等园林建筑，或种有树姿优美、色彩艳丽的观花、观叶树种时，则水中植物配置切忌

图3-61　水面植物配置（1）

图3-62　水面植物配置（2）

图3-63　水面植物配置（3）

拥堵，须留出足够空旷的水面来表现树木的倒影。堤、岛的植物配置，环岛以柳为主，间植合欢、海棠、桃花、紫薇等乔灌木，疏密有致，高低有序，增加层次，使之具有良好的引导功能。

图3-64　水面植物配置（4）

图3-65　特殊景点的植物造景（1）

12. 特殊景点的植物造景

综合公园中的人文遗迹、人文景观、历史遗迹和社会名人遗迹甚至民间传说遗迹，都可能成为一个特殊景点。这些景点的植物造景要充分体现出特殊景点的意境。

图3-66　特殊景点的植物造景（2）

图3-67　特殊景点的植物造景（3）

承担文化宣传和科普教育功能的宣传栏、专门展室或临时性露天展出，应以花坛、花台 、花境 、盆花造景为主，选择花期长 、花色鲜艳 、香味浓郁的草本花卉，从视觉和嗅觉上吸引游人驻足，进而引起游人对文化宣传和科普教育宣传知识的注意。

图3-68　特殊景点的植物造景（4）

图3-69　特殊景点的植物造景（5）

图3-70　特殊景点的植物造景（6）

四

社区公园设计与赏析

（一）社区公园的概念

社区公园是一种以服务半径小、距离社区近、可随时供居民自由进入为特点的公园，是主要为周边居民服务的公园绿地类型，其主要功能就是为附近居民提供游憩、健身、聚会、聊天以及避险等活动的场所，常见的社区公园有：广场型、林荫型、滨水型、综合型四类。

图4-1　社区公园（1）

图4-2　社区公园（2）

图4-3　社区公园（3）

图4-4　社区公园（4）

社区公园的主要作用是：

生态环境功能。社区公园绿地比例大，植物配置以丛植和群植为主，注重绿量的提高，绿色植物能使绿地空气清新、负氧离子增多，从而使社区公园的环境更舒适，而普通的街景绿地很难达到这样的生态效果。

图4-5　社区公园的生态环境功能（1）

图4-6　社区公园的生态环境功能（2）

图4-7　社区公园的休闲娱乐功能（1）

休闲娱乐功能。社区公园具有便捷、开放的特点，“游客”基本为周边社区居民，居民可以就近在社区公园休闲娱乐，缓解疲劳，舒缓心情，人与自然得以和谐相处。

图4-8　社区公园的休闲娱乐功能（2）

图4-9　社区公园的休闲娱乐功能（3）

图4-10　社区公园的休闲娱乐功能（4）

图4-11　社区公园的休闲娱乐功能（5）

（二）社区公园的特点

社区公园直接服务于周边的居民，同其他公园一样是公共活动空间，在其中可以进行晨练、散步、娱乐等活动。社区公园一般有观赏游览、安静休息、儿童游戏、文娱活动、体育设施、服务设施、社区管理等内容。社区公园作为一种特殊的公园，除了具有一般公园的特征之外，还有其自身的特点。

1. 设计贴近社区居民需求

社区公园是居民家门口的公园，是被光顾频率最高的公园。因此，公园设计者需考虑各种年龄层的爱好、文化和消费水平的需要，因地制宜，尊重地域文化特色，使社区公园与河道绿地、道路绿化带相互融合。按照“净化、绿化、美化、亮化”的标准营造社区文化、景观环境，使人、自然、家园和谐一致。设置儿童游戏场所和适合中老年人下棋打牌、读书看报、锻炼身体的设施，有利于居民身心健康，切实解决了百姓的精神文化需求。

2. 注重社区文化内涵

文化内涵是社区公园的灵魂。在社区公园建设和管理上，需遵循艺术、休闲、运动、简约的原则，做到“一园一设计”“一园一特色”，避免雷同。体现城市文化特色，提升居民区文化品位。

3. 植物配置注重乔木使用量

社区公园中的植物配置应摒弃“草坪为主”的疏林草地风格，倡导“以乔木为主，绿树成荫”的景观风格，形成以乔木为骨干、生物多样性为基础、本地植被为特征的乔、灌、草和藤木复层结构形式的园林特色，严格控制草坪面积，使公园处于层次分明的植物群落之中。

4. 设计符合老幼人群的活动心理

我国目前已进入老龄化社会，居家养老的老年人会经常到社区公园休息，因此社区公园规划和建设需充分考虑到老年人身体和心理特点。在设计时须遵循一些适宜老年人活动与休闲娱乐的基本原则，如安全性原则、保健性原则、便利性原则、舒适性原则、老幼互补原则、设施合理原则、可持续发展原则等，使社区公园以其良好的生态环境、开放的活动空间、适宜的活动场地，满足老年人对园林环境的特殊需求，提高老年人的生活质量。空间的利用度和亲和度很大程度上取决于细部设计的合理性，社区公园的细部处理就尤为重要，例如植物的位置、树种选择、种植面积、种植形式以及座椅、台阶、社区入口的设计应充分考虑老年人这一特殊群体。儿童具有喜爱活动的天性，因此也要合理的设置儿童活动场所，并与老年场所适度屏障隔离，使动、静环境分布合理。

5. 体育健身设施配套

由于社区公园主要为附近居民休闲服务，且面积不大，建设上应以休憩内容为主，游览内容为辅，适当增加体育锻炼或其他娱乐服务设施，居民可以在日常的公园活动中获得精神需求和身心满足。

图4-12　社区公园（1）

图4-13　社区公园（2）

图4-14　社区公园（3）

图4-15　社区公园（4）

图4-16　社区公园（5）

图4-17　社区公园（6）

图4-18　社区公园（7）

图4-19　社区公园（8）

图4-20　社区公园（9）

图4-21　社区公园（10）

图4-22　社区公园（11）

图4-23　社区公园（12）

图4-24　社区公园（13）

（三）社区公园的设计要求

社区公园作为市民使用频率最高的公园类型，在设计的时候除了遵循公园设计中的一般原则之外，还要具有以下几点要求：

1. 位置应选择在居民容易到达的地段。

2. 一般一个社区应设置一个规模相对较大的社区公园，以老年人或儿童能够轻松徒步到达为宜，即范围在 500 m 以内，可以与儿童公园、城市公园、城市绿带或广场相互连接，形成开放空间系统。

3. 一般以平坦或略有起伏的地形为主。

4. 面积上要适宜，以在园内活动者人均 25 m^2 估算；或按社区人口估算，以人均 0.5 ～ 1.0 m^2 为可。

5. 社区公园应基本包含——休憩区、运动区及服务区等功能区，分别提供不同的空间类型，以满足不同人群的活动要求。

图4–25　社区公园设计要求（1）

图4–26　社区公园设计要求（2）

图4-27　社区公园设计要求（3）

图4-28　社区公园设计要求（4）

五

生态公共绿地

（一）生态公共绿地的概念及作用

生态公共绿地是为了平衡城市绿地布局，形成更为科学合理的城市绿地系统，破解城市水泥森林的难题，缓解中心城区热岛效应，改善中心城区的生态环境质量，提升城市景观品质并为周边商业、办公及居民提供就近休息和活动、健身以及防灾避险的场所。它也承担着城市“绿肺”的作用。生态公共绿地是城市生态系统的有机组成部分，其建设上应以绿为主，植物配置上以乔木为主，因地制宜，群落搭配合理，充分发挥绿色植物的生态功能，运用植物生态学的“种类多样导致群落稳定性”原理，保障自然界的循环系统 。

图5-1　生态公共绿地（1）

图5-2　生态公共绿地（2）

图5-3　生态公共绿地（3）

（二）生态公共绿地的规划要求

1. 生态公共绿地是城市生态系统的重要一环

生态公共绿地的生态功能是第一位的，其具体布局、植物选择和植物配置要从生态的角度出发，符合生态学的要求。植物的选择以乡土植物为主，植物配置以丛植和群植为主，注重绿量的提高。

图5-4　生态公共绿地（4）

图5-5　生态公共绿地（5）

2. 生态公共绿地是城市形象的重要载体

生态公共绿地是开敞的公共空间，是城市形象的展厅，因此规划上应使其具有本地特色，使其成为展示城市特点与历史的窗口，成为城市的标志性景观。

图5-6　生态公共绿地（6）

3. 生态公共绿地是公共的休憩和游览场所

生态公共绿地不同于一般的生态林，它是面向大众的开敞公共空间，其规划应考虑满足不同层次使用者的要求，合理规划功能分区，满足不同年龄段的使用者的不同活动方式和习惯，要使儿童、青少年及中老年人都能找到各自合适的活动游憩空间。

图5-7　生态公共绿地（7）

图5-8　生态公共绿地（8）

图5-9　生态公共绿地（9）

4. 生态公共绿地是科普教育基地

一般来说，生态公共绿地配置的植物种类较多，乡土植物运用得多，配置上又多遵从生态学原理和地方历史、人文及民风民俗特色，是进行植物学、生态学等知识普及的良好场所。

图5-10　生态公共绿地（10）

5. 生态公共绿地是防灾减灾场所

生态公共绿地一般设置在中心城区，周边是城市的商业区、企业总部办公区和住宅区等，其防灾减灾的作用是十分重要的，它可作为地震发生时的避难地、火灾发生时的隔火带等。

图5-11　生态公共绿地（11）

图5-12　生态公共绿地（12）

（三）生态公共绿地的设计要求

1. 园林植物的配置

园林植物是生态公共绿地的重要组成部分，要通过对植物群落的营造来提高绿地景观效应和生态效应，达到人与自然和谐共处的目的。

图5-13 生态公共绿地植物配置（1）

图5-14 生态公共绿地植物配置（2）

图5-15　生态公共绿地植物配置（3）

古树除了它们的生态作用外，还是城市历史和记忆的延续，因此要保护好原有树木，尤其是大规格的珍稀树种和古树等。

植物种类的选择上应多选用本土树种，本土树种既具有地方特色，又易成活，易管护，有利于形成较为稳定的植物群落，同时要根据生态性绿地的特点合理确定乔木与灌木的比例，常绿树木与落叶树木的比例；多选用景观价值高的色叶类植物和花繁

图5-16　生态公共绿地植物配置（4）

图5-17　生态公共绿地植物配置（5）

色艳的花灌木；多选用具有健身保健作用的树种。要尽量避免选用有毒、有刺和有飞毛飞絮的植物。

植物配置的层次上，要因地制宜地将乔木、灌木、藤本、草本、花卉等进行空间艺术处理，使其有层次、有厚度、有色彩，让不同特性的植物各得其所，构成一个和谐有序、稳定多彩的植物群落。

图5-18　生态公共绿地植物配置（6）

植物配置的空间上，要根据总体规划的布局，充分运用地形的起伏，小溪蜿蜒等景观因素，设计植物景观视线与景观序列，营造密林、草坪、林中天窗、树阵和林荫道等既各具特色又相互呼应的园林植物空间，满足人们的游憩需要。但同时要注意尽量避免丛状密林的出现、防止形成过度封闭阴暗的不安全环境因素。

图5-19　生态公共绿地植物配置（7）

图5-20　生态公共绿地植物配置（8）

2. 生态公共绿地的道路设计

生态公共绿地空间内的道路具有引导人流、控制游人赏景节奏、分割空间等作用。公共绿地的主路应舒缓平坦，小路则可采用不同质感的路面和高差变化，给人丰富的空间体验。设计道路走向时，在经过有景的地段时，应满足人们赏景的需要，将景点放在路的对景上；经过少景的地段时，可先定路再建景。通过道路的设计来调整游人在线路上的游览节奏，减少游人在无景地段的停留时间和增加景色优美地段游人的驻留时间。在活动场所处或人流集中的路段对道路采取放大设计，设置园凳、园椅供人们休息。

图5–21　生态公共绿地的道路设计（1）

图5–22　生态公共绿地的道路设计（2）

图5-23　生态公共绿地的道路设计（3）

图5-24　生态公共绿地的道路设计（4）

3. 生态公共绿地活动场地和园林小品的设计

（1）活动休闲场地的设置

在优美的环境中开辟满足游人各种活动需要的空间，是生态公共绿地人性化设计中的重要环节，如建设提供人们休息的廊架、亭子、娱乐活动广场，供人们健身锻炼的健身设施、塑胶跑道，以及让儿童玩耍的沙坑、旱冰场等。

图5-25　活动场地和园林小品的设计（1）

图5-26　活动场地和园林小品的设计（2）

图5–27　活动场地和园林小品的设计（3）

（2）园林小品的设置

在公共绿地中恰当布置些彰显生活情趣的小雕塑或灵巧可爱的园林小品，如造型优美的树池座椅，外形可爱的动物雕塑，特色鲜明的园灯等，可使公共绿地空间更加贴近生活，更具有亲和力。

图5–28　活动场地和园林小品的设计（4）

图5-29　生态公共绿地中的水景（1）

（3）水景的设置

人类自古以来就有亲水的情结，在中国水象征着活力与生机，风水学中水还代表着财运，活水能增加空气中的负离子含量。在生态公共绿地中适当布置些喷泉、跌水、瀑布、水池等水景，既可增加绿地的吸引力和感染力，又能起到改善小环境空气质量的效果。此外，设置少量的置石，也可起到增添园林空间情趣的作用。

图5-30　生态公共绿地中的水景（2）

图5-31　生态公共绿地中的水景（3）

（4）服务性设施

大型生态公共绿地应满足人性化需求，设置一些相应的服务设施，如垃圾箱、公共卫生间以及餐饮娱乐设施等。

图5-32　生态公共绿地中的服务性设施

主题公园的设计与赏析

（一）主题公园的概念及作用

主题公园是一种具有鲜明的主题与内容，以人文景观为主体，融合当代科技与文化内涵的特色公园，是人工建造的能够满足人们休闲、娱乐与文化需求的人造环境。主题公园具有主题性、参与性、集仿性和独立性。与一般的城市公园不同，主题公园更关注文化内涵，使设计理念具体物化，它能使游人的心境进入具体的实景文化氛围中，从而感受到“主题”所展现出来的文化氛围，陶冶人的情操，使人的精神得到文化上的享受。

图6-1　主题公园（1）

图6–2　主题公园（2）

图6–3　主题公园（3）

图6-4　主题公园（4）

图6-5　主题公园（5）

（二）主题公园的功能

1. 主题公园是一种游乐方式

满足人们休闲娱乐的需求是主题公园最基本的功能。主题公园的文化主题、模拟环境、游客活动方式等都是为了对应特定的主题而拓展创新，让人们在参与其中的过程中获得强烈的感染和震撼，留下深刻和美好的印象。因此，主题公园首先是一种，是顺应人们休闲娱乐变化趋势的游乐休闲方式，是区别于其他公园、绿地的核心吸引力。

图6-6　主题公园（7）

2. 主题公园是一种文化形态

“主题”是主题公园的灵魂和精髓，主题公园是围绕着一个或多个特定主题而展开的具有特殊感染力的娱乐休闲绿地。主题公园的“主题”，一般指的是文化主题。主题公园在表达主题文化之时，同时也是在诠释主题文化，这种诠释易于被大众理解和接受，人们在游玩的同时能够感知到主题公园传达的文化信息。主题公园在倡导文化环境的过程中，内涵要丰富，在把抽象文化具体化的过程中要注意其实现难易度。在主题文化的内容安排和文化氛围创造上，既要有高雅品位的景物与旅游休闲活动内容，同时也要安排热闹的场景，以适应不同的文化层次和艺术修养的游客。主题文化安排得当不仅能提高人们的艺术欣赏品味、陶冶艺术情操，同时也能促进社会精神文明的健康发展。

图6-7　主题公园的文化形态（1）

图6-8　主题公园的文化形态（2）

图6-9　主题公园的文化形态（3）

3. 主题公园是一种环境模式

主题公园属于公园的一种，既然是公园，那就存在其生态效应和景观效应。除了大型的游乐机械之外，主题公园的侧重点是景观环境，因此围绕主题进行绿化环境的营造十分重要。

图6-10　主题公园的环境模式（1）

图6-11　主题公园的环境模式（2）

（三）主题公园的规划方法与分类

主题公园的规划原则是先确定主题，根据主题内容进行延伸和挖掘，再确定游乐和休闲的内容，根据内容进行分区规划，确定各功能区规模，将整个公园分成若干个小园，然后再根据每个小园的特点进行详细设计，一般有景色分区和功能分区两种形式。景色分区是在我国古典园林中经常用到的规划方法，是根据所要营造的自然景色和空间进行规划；功能分区是根据游乐和休憩活动内容进行规划，可以分为体育活动区、文化教育区、公共活动区、儿童活动区、休息区、经营管理区等功能分区。具体规划时，要将景色分区和功能分区相结合。景色分区体现了园林布局的艺术性，功能分区体现了园林布局的功能性。

图6-12　主题公园的环境模式（3）

图6-13　主题公园的环境模式（4）

图6-14　主题公园的功能性（1）

图6-15 主题公园的功能性（2）

目前我国主题公园可以分为：

（1）以某一特定景物为主题，如“上海静安雕塑公园”。

（2）以民俗风情为主题，如“中国民俗村”。

（3）以自然生态为主题，如“深圳野生动物园”。

（4）以文学遗产为主题，如“大观园”。

（5）以异国文化和风情为主题，如“北京世界公园”。

（6）以历史人物或物质遗产为主题，如“西安秦始皇兵马俑公园”。

图6-16 主题公园的功能性（3）

山体公园的设计与赏析

（一）山体公园的概念及作用

本书中的山体公园主要是指因采矿而废弃的山体或因原有林相单一的林业山地而进行生态园林恢复形成的公共绿地。在过去几十年的工业化进程中，由于缺乏规划以及自然灾害等原因，导致我国一些城市和城郊的自然山体破坏严重，呈现出山体缺损和岩土裸露的现象，既浪费土地资源，导致环境恶化，又影响城市景观。随着我国城市化进程的加快，人们对环境问题愈加关注，对生态环境质量的要求越来越高，因此

图7-1　山体公园（1）

图7-2　山体公园（2）

对此类山体进行生态园林修复，是有效利用土地资源，实现区域经济、文化和生态整体复兴的一种重要的可持续发展的模式；此外，对城市内原有的林相单一的林业山地进行适当园林改造，增添一些登山步道等休闲设施，既能为市民提供游览场所，又能改善城市景观质量，是城市建设人性化的体现。此两类山体形成的公共绿地，一般称之为山体公园。山体公园的作用是为城市提供高质量的生态绿地和为市民提供登山休闲活动的场所。

图7-3　山体公园（3）

图7-4　山体公园（4）

（二）山体公园的规划要求

1. 要遵循生态学规律

遵循适地适树的原则，注重乡土植物选择及林相的变化，按照生态学规律，以形成丰富多变的稳定性植物群落为目标，以人性化的设计方法为手段，形成环境友好型的山体绿地环境。

图7-5　山体公园（5）

图7-6　山体公园（6）

图7-7　山体公园（7）

图7-8　山体公园（8）

2. 要注意保持自然生态原貌

城市山体一般是当地历史、人文以及传说等文化的载体，要充分利用山体的原有景观形态和地形、地貌，尽量少动土石方，减少人工雕琢痕迹，保留和恢复自然形态。

图7-9　山体公园（9）

3. 要注意合理规划

根据人流量的大小和人们登山休闲时的功能需求，合理规划线路和登山步道、园林小品及设施。要按照人性化的设计原则，满足人们的个性化需求，在空间的规划上要重视空间的维度，把握好具体场所和部位尺度的大小。

图7-10　山体公园（10）

图7-11　山体公园（11）

（三）山体公园的设计要求

1. 要根据不同山体特点设计

设计时要根据不同的山位的特点，在顺应自然的基础上设计视觉空间和景象特征。山位作为山地地形的要素之一，具有两方面的特征：一是基本性，它是山地中各种单一地表形状的概括，有不可再分的特点；二是直观性，在山地环境中有很强的可识别性。

图7-12　山体公园的设计要求（1）

图7-13　山体公园的设计要求（2）

2. 要依据山体制高点、山体景观视线、山体轮廓线设计规划山体景观空间及层次

山体公园的制高点一般位于凸出地形的顶部，由于山顶面积的限制，不能设置大面积的建筑，可因地制宜的布置观光小品和建筑，一般常见的建筑有观光塔、观景亭、观光台等；由于山地的立体和层次性，在设计中要充分使用山地景观会随地形的变化影响可视目标和可视程度的特点，组织透视线，创造出引人入胜的景观序列和景观层次；山体轮廓线构成了景观的背景层次，对人观景时候的心理感受及影响较大，在设计中应根据山形及走势从加强地形地势和丰富城市色彩的角度进行植物配置和设置景观小品，要使山体轮廓线与城市建筑轮廓线互补，形成美丽的城市天际线，体现人与自然的和谐共生。

图7-14 山体公园的设计要求（3）

图7-15 山体公园的设计要求（4）

图7–16　山体公园的设计要求（5）

3. 游览道路设计要点

（1）要顺应地形。山体公园的园路要与山体地形走向相适应，顺应自然。主要有两种布置方式：平行等高线布置和垂直等高线布置，这两种方式均体现出在对环境尊重的基础上与地形的紧密结合。

（2）要根据功能区分和景物的设置进行立体布置。由于山体公园基址的特殊地形条件，使得山体公园的园路能在水平和垂直方向上同时进行，形成了多层次的交通游览系统，为人们的游山赏景活动提供多样性的游览线路。

图7–17　山体公园的设计要求（6）

图7–18　山体公园的设计要求（7）

（四）安全性设计

山体公园，由于山体的特殊性，安全性设计十分重要。与山体有关的安全因素主要有两大类：一是自然灾害，如地质灾害（滑坡、崩塌、泥石流等），山洪灾害，森林植物病虫害等；二是人为灾害，如火灾等。山体公园在设计上要考虑的安全问题主要是山体滑坡、崩塌、泥石流等地质灾害。

1. 滑坡是斜坡上的岩（土）体，在重力作用下，沿着一定的滑动面作整体缓慢下滑的现象。滑坡的产生除土壤、岩石本身性质、强度、坡度、稳定性等因素外，还与植被、降雨强度及雨水侵蚀和人为活动有关。因此，在设计时要仔细勘察现场，考虑上述因素，确定加固方案。

2. 崩塌是坡地上的岩（土）体，在重力作用下突然坠落的现象。它是一种突发性的灾害，发生速度极快，破坏性很大。对于崩塌的防治要注意以下几点：

（1）在山体公园设计中，要避免在陡急的山体或坡地设置建筑和构筑物，防止破坏岩(土)体自然结构的稳定。

（2）在相邻地块进行绿化种植前要对陡急的山体或坡地进行除险工作。

（3）对需进行绿化种植或进行工程建设的陡急岩土山体，要根据勘察结果采取清挖、锚固或拦挡等加固工程措施。

3 泥石流是在暴雨或融雪后，峡沟中流动的携带有大量泥石团的泥流。对于泥石流的防治，设计上要首先以预防为主，进行植被恢复，保护泥石流沟内的生态环境，减少水土流失，并疏通洪水通道。在峡沟下游处划出危险区域，不在危险区内设计任何游览、休闲设施。

图7－19　山体公园的设计要求（8）

八

湿地公园的设计与赏析

（一）湿地公园的概念及作用

湿地公园是利用现有或已退化的湿地，通过保护、人工恢复或重建湿地生态系统，保持湿地区域独特的自然风貌特征，维持系统内部不同物种的生态平衡，并在不破坏湿地生态系统的基础上，建设少量的园林和辅助设施，将生态保护、生态旅游和生态教育功能有机结合，突出主题性、自然性和生态性三大特点的公园。湿地公园是具有

图8-1　杭州西溪湿地公园

物种及其栖息地保护、生态旅游和生态教育功能的湿地景观区域，是体现“在保护中利用，在利用中保护”的一个综合体系，是湿地与公园的复合体。湿地公园的作用有：第一，可以通过设立湿地公园来改善湿地生物的生长环境，为其创造适宜的生存、繁衍空间，从而保护和恢复已遭受破坏的湿地生态结构；第二，是可以在不破坏湿地环境的前提下，为人们提供游憩和近距离观察湿地野生生物的场所。

图8-2　辽宁盘锦红海滩湿地公园

图8-3　上海炮台湾湿地公园

（二）湿地公园的规划要求

1. 湿地公园规划建设的目标在于减少现代人类活动对湿地环境的干扰和破坏、提高湿地及其周围环境的自然生态，通过恢复湿地原有的自然能力，使其具备自我更新的能力，实现湿地环境的可持续发展，在此基础上营造新的公共绿地类型，满足人们日益增长的贴近自然的需求。

图8-4　湿地公园的设计和规划（1）

图8-5　湿地公园的设计和规划（2）

图8-6　湿地公园的设计和规划（3）

2. 要将湿地的环境整治与景观规划结合起来。

图8-7　湿地公园的设计和规划（4）

图8-8　湿地公园的设计和规划（5）

3. 围绕“水”的主题，将周边的绿地、林地、农田、城市、乡村等各类生态系统，组成一个共同的生态景观体系。

图8-9　湿地公园的设计和规划（6）

4. 要将构成湿地生态循环圈中的各要素，如水体、土壤、植被、动物、自然水文地质和周边环境因素等，作为规划的基本要素，进行整体性湿地生态景观规划。

图8-10　湿地公园的设计和规划（7）

图8-11　湿地公园的设计和规划（8）

（三）湿地公园的设计要求

1. 要根据湿地公园的规划目标，在设计中以生态的保护性设计 、恢复性设计等理论为指导，合理利用和保护湿地的自然资源，通过设计手段，最大限度减少人为因素对湿地环境的影响，展现湿地自然景观的魅力 。

图8-12　湿地公园的设计和规划（9）

图8-13　湿地公园的设计和规划（10）

2. 湿地公园设计的重要一环是实现水的自然循环，形成有动态联系的水系和生态廊道。设计时要着重考虑以下几点：一是要设计改善湿地地表水与地下水之间联系的措施，使地表水与地下水能够相互补充；二是要通过设计改善来水河流的水质和水量措施；三是设计周边地区的排污截污措施。

3. 要依托原有的生态环境和自然群落，通过种植设计恢复原有的自然风貌。湿地公园的种植设计着眼点是考虑原有景观的恢复和保护以及水质净化的要求。要从湿地特点出发，在植物选择上，以湿生和水生植物作为种植重点。从生态功能上考虑，选用茎叶发达的植物以阻挡水流、沉降泥沙，选用根系发达的植物有利于吸收水体污染物；从景观效果上考虑，要模拟自然湿地中各种植物的组成及分布状态，将陆生植物、湿生植物、挺水植物（如芦苇）、浮水植物（如睡莲）和沉水植物（如金鱼草）进行合理搭配，体现陆生－湿生－水生的湿地景观特点，形成更加自然的多层次湿地植物景观；从植物特性上考虑，以本地的适应能力强、抗逆性强、便于管理的植物为主，外来植物为辅，保护生物多样性。此外，设计中还要考虑布置一些动物食源植物和鸟食植物，为鸟类等动物提供食物来源，在湿地公园附近水域区尽量不安排高大乔木，为鸟类提供充足的活动空间。栽植方法除了直接就地栽植外，还可以在水中设置高度不等的种植池，既能提供适宜植物生长的水深，又可控制植物的蔓延，在无须经常性人为管理的条件下也能保持自身的景观稳定。

图8-14　湿地公园的设计和规划（11）

图8-15　湿地公园的设计和规划（12）

图8-16　湿地公园的设计和规划（13）

4. 湿地护岸设计需具有生态性。湿地公园水体岸线按功能可分为生态保护岸线和游憩观赏岸线，设计水体岸线时应根据其功能采用不同的设计手法。驳岸是一面临水的挡土墙，是支撑土壤和防止坍塌的人工构筑物；护坡是在安全角度内保护坡面，防止雨水冲刷及风浪对岸坡造成破坏的设施。混凝土砌筑的护岸会破坏湿地对周围环境应有的过滤和渗透作用。而人工草坪的坡岸由于自我调节能力弱，有除杂草、病虫害防治等管理措施，极易导致残余化学物质流入水体造成污染。因此，上述两种护岸形式不宜多用。护岸设计的原则是：要有稳定安全的结构，要突出生态功能，提高湿地边界的边缘效应，尽量选用自然原生态的多孔隙空间的材料或能成活的树桩材料，要能形成优美的视觉景观效果。作为水陆交界地带的湿地岸边环境的设计也很重要，要能满足游客亲水游览的需求。

图8-17　湿地公园的设计和规划（14）

5. 园路及辅助设施

（1）园路要主次分明

要从使用功能出发，根据地形、地貌及景点的分布和游园活动的需要综合考虑，统一规划，做到因地制宜，主次分明地形成主路、支路和小径的园路系统。

（2）园路的形式、结构和取材要生态化和多样性

园路的形式应是多样性的，如在人流集聚区域，园路可转化为小广场等形式；路面铺装可采用石块、石板、鹅卵石等自然材料；而通往沼泽和水面景点的园路应采用不对湿地生态造成破坏的木栈道形式。

（3）园林小品及辅助设施要突出自然、野趣和生态性

要突出保护湿地生态的理念，不宜兴建大型建筑和游乐设施；要根据规划，设计相应的辅助设施和园林小品，造型自然，材质天然，富有野趣。

图8-18　湿地公园的园路（1）

图8-19　湿地公园的园路（2）

图8-20　湿地公园的园路（3）

图8-21　湿地公园的园路（4）

九

道路绿地的设计与赏析

（一）道路绿地的概念和功能

1. 道路绿地的概念

道路绿地指经由科学、合理、艺术的设计，在各种类别的道路绿线内进行园林绿化，以起到改善生态环境、辅助交通组织、美化城市景观、发挥道路综合功能的一类绿地。

图9-1　道路绿地的概念（1）

图9-2　道路绿地的概念（2）

图9-3　道路绿地的概念（3）

图9-4　道路绿地的概念（4）

2. 道路绿地的功能

（1）生态保护功能

道路绿地是城市的线状绿地，是城市绿地系统的重要组成部分，也是城市各类绿地间的联系纽带。此外，道路绿地还具有遮阴、净化空气、降低噪声、调节小气候、保护路面、稳固路基、改善道路环境等功效。

（2）交通辅助功能

道路绿地具有引导交通、防炫光、减缓视觉疲劳和标识作用。

图9-5　道路绿地的功能（1）

图9-6　道路绿地的功能（2）

图9–7　道路绿地的功能（3）

（3）景观组织功能

道路绿地对城市景观有着重要的影响，是城市形象和城市个性以及城市地域、历史、文化特征的重要载体，也是人们观光游览的景致。

图9–8　道路绿地的功能（4）

3. 道路绿地的构成和设计原则

（1）道路绿地的构成

道路绿地主要是由道路绿带、交通岛绿地和停车场绿地这三类绿地构成；而道路绿带又是由分车绿带、行道树绿带和路侧绿带组成；交通岛绿地是由中心岛绿地、导向岛绿地和立体交叉绿岛组成。

图9–9　道路绿地的构成

（2）道路绿地的设计原则

道路绿地设计要考虑到道路的性质、行人与车辆交通的安全要求、景观要求、道路环境特点、道路工程设施等因素，应遵循定位明确，满足功能；保障安全，满足生态；适地适树，科学配置；艺术构图，营造特色；远近结合，协调关系这五条原则。

图9–10　道路绿地的设计原则（1）

图9-11　道路绿地的设计原则（2）

图9-12　道路绿地的设计原则（3）

4. 道路绿地的植物选择

道路绿地所处的环境与城市公园及其他公共绿地不同，有许多不利于植物生长的因素。主要需调查和考虑的因素有：土壤状况、烟尘等污染状况、光照和气候状况、地上和地下管线状况以及可能的人为损坏状况等道路绿地的环境条件，综合考虑将地带性植物与引进植物相结合，近期效果与长期效益相结合，生态效益与经济效益相结合，采取适地适树，因地制宜的措施做好道路绿地植物材料的选择。

（1）乔木树种的选择

乔木在道路绿地中主要是作为行道树和骨架树种，起到遮阴和美化街景等作用，因此乔木树种的选择要从以下方面着手：

①树形整齐，观赏价值较高（花型、叶型、果实奇特，或花色鲜艳、花期长），最好是色叶树种和观花植物。

②生命力强盛，抗逆性强，病虫害少，可粗放管理，花、果、枝叶无不良气味。

③树木发芽早、落叶晚，晚秋树木落叶期时在短时间内树叶即能落光，便于集中清扫。

④树冠较整齐，分枝点高，主枝伸张、角度与地面不小于30度，叶片紧密，有浓荫。

⑤容易繁殖，移植后易于成活和恢复生长，能够进行大树移植。

⑥有一定耐污染、抗烟尘的能力。

⑦树木寿命较长，生长速度适中。

（2）灌木树种的选择

灌木多用于分车带或人行道绿带（车行道的边缘与建筑红线之间的绿化带），有防止炫光、减弱噪声等功能，选择时应考虑以下几方面的内容：

①枝叶丰满、株形完美，花期长，花繁色艳。

②植株无刺或少刺，叶色有变，耐修剪，在一定年限内通过人工修剪可控制它的树形和高矮。

③容易繁殖，便于管理，较耐灰尘和路面辐射。

图9-13　道路绿地的植物选择（1）

（3）地被植物和草本花卉的选择

抗逆性强、容易繁殖，覆盖度大，观赏性好的低矮花灌木均可作地被植物应用。一般露地花卉以宿根花卉为主，与乔灌草搭配，合理配置，一、二年生草本花卉只点缀在重要节点部位。

图9-14　道路绿地的植物选择（2）

图9-15　道路绿地的植物选择（3）

图9-16　道路绿地的植物选择（4）

5. 道路绿地的设计

（1）道路绿地的形式

城市道路的设计首先应考虑交通安全，需能够有效协助、组织人流集散，发挥道路绿地在改善城市生态环境和丰富城市景观中的作用。常见的城市道路绿地的形式有以下几种：

①一板二带式

这种形式是由一条车行道、两条绿化带组成，在车行道两侧人行道分隔线上种植行道树。这种形式最为常见 。

它的优点是用地节约、管理方便，较整齐；缺点是景观比较单调、容易发生交通事故。

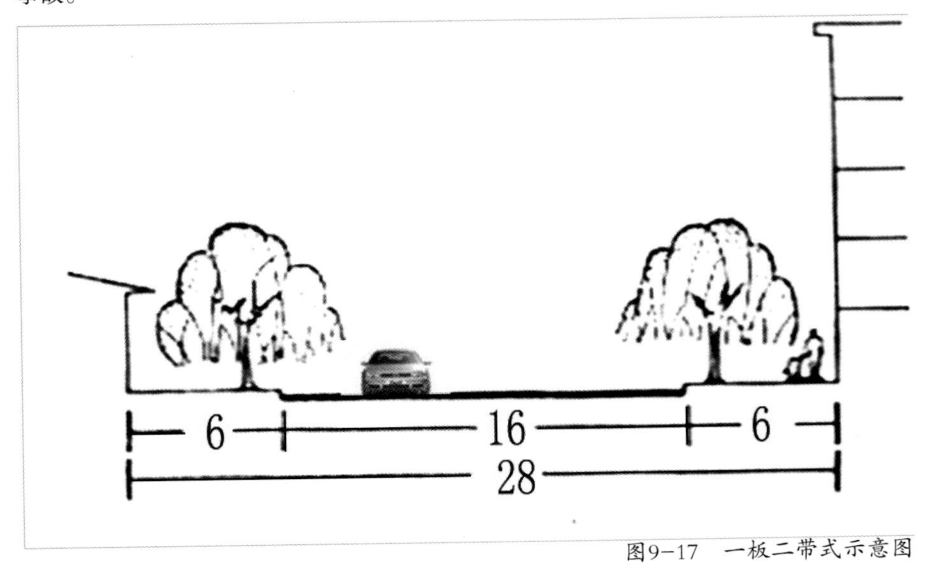

图9-17　一板二带式示意图

②二板三带式(二块板)

这种形式可将车辆的上下行分开，中间、两边共三条绿化带，在分隔单向行驶的两条车行道中间绿化，并在道路两侧布置行道树。

它的优点是用地较节约，可避免机动车间事故的发生；缺点是不能避免机动车与非机动车之间的事故发生。

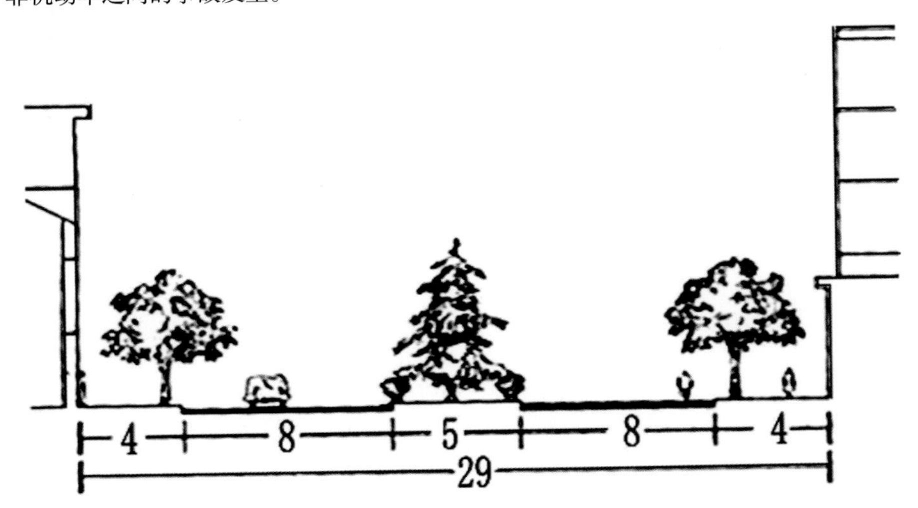

图4-18　二板三带式(二块板) 示意图

③三板四带式（三块板）

这种形式是利用两条分隔带把车行道分成三块，中间为机动车道，两侧为非机动车道，连同车道两侧的行道树共为四条绿带。这种形式在宽阔的街道上应用较多，是较完整的道路形式。

它的优点是绿化量大，夏季蔽荫效果好，组织交通方便，安全可靠，解决了各种车辆混合互相干扰的矛盾；缺点是用地面积大，预算较高。

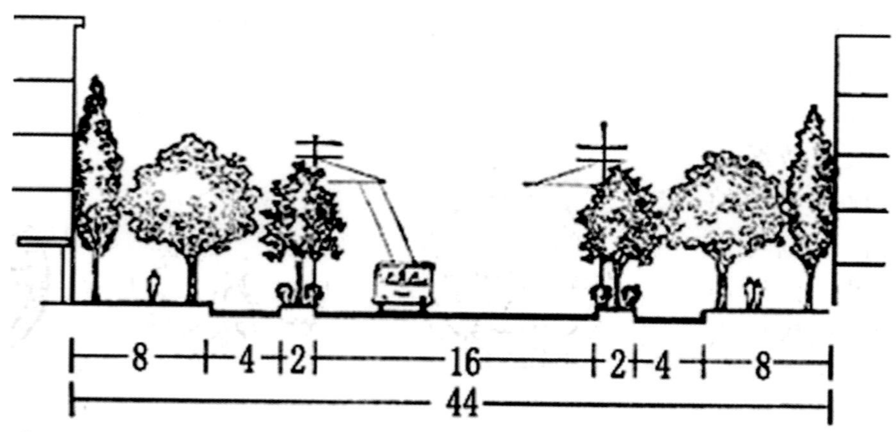

图9-19　三板四带式(三块板) 示意图

④四板五带式（四块板）

这种形式是利用三条分隔带将车道分为四条，规划为五条绿化带，以便各种车辆上行、下行互不干扰，利于限定车速和交通安全；这种形式在宽阔的街道上应用，是比较完整的道路绿化形式。如果道路面积不宜布置五带，则可用栏杆分隔，以节约用地。

它的优点是可使各种车辆上行、下行互不干扰，利于限定车速和交通安全；绿化量大，街道美观，生态效益显著。缺点是占地面积大，不经济。

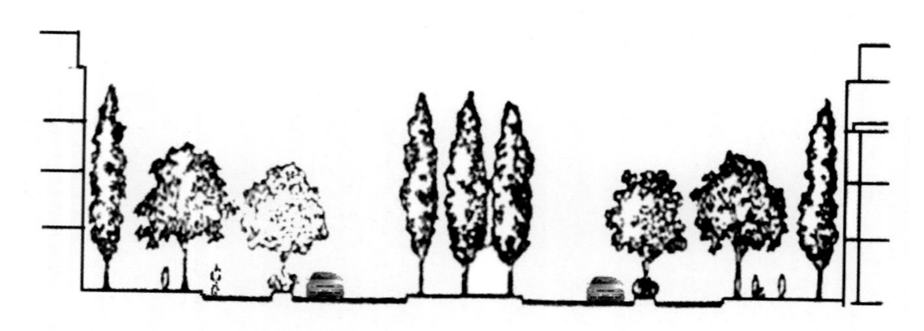

图9-20　四板五带式（四块板）示意图

⑤其他形式

随着城市建设的进程，道路的横断面形式也发展变化着，道路绿地的断面形式取决于道路的断面形式，但其平面布置形式就要依街道绿带的宽度而定，要根据实际情况、因地制宜地进行绿化，绿带窄位置的只可种一至两行行道树，绿带宽的位置可布置成花园林荫道的形式。

（2）道路绿地植物配置

①道路绿地植物的配置原则

系统性原则。道路绿地以规划区内的干道为绿化基础，形成绿地网络系统。植物配置应做到：自然优先，即保护自然资源是利用自然和改造自然的前提；整体设计，即景观设计应结合整体城市生态系统进行设计，而不是孤立地对某一景观元素进行设计；协调性，即自然景观有其自身和谐、稳定的结构和功能，人为的设计必须与自然景观原有风貌相协调。

序列性原则。道路绿地景观随着道路的走向呈点状、面状、线状分布，这就形成了点线面相结合的道路景观序列。道路绿地景观规划设计就是有序地组织和安排这些景观序列，使之能够体现道路特色，从而达到美化道路和城市的作用。

综合性原则。道路绿地是景观、人文、生态和谐统一的综合性景观空间，而植物是营造这种景观空间的重要素材。道路环境景观的规划与设计，如要朝着艺术化、生态化、景观化的方向不断地深入发展下去，除了必须满足道路交通的功能与技术要求外，还必须重视研究如何使城市道路成为观赏城市景观的良好场所，使道路功能和环境景观更加紧密地结合在一起，在满足交通功能的基本功能之外，还能成为环境优美的开放空间。

②行道树绿带

行道树绿带是指人行道与车行道之间种植行道树的绿带。为行人蔽荫是其主要功能，同时也能起到美化街道、降尘、降噪、减少污染的作用。选择行道树树种的一般标准为：树冠冠幅大、枝叶密、抗性强（耐贫瘠土壤、耐寒、耐旱）、寿命长、深根性、病虫害少、耐修剪、落果少或者没有飞絮、发芽早、落叶晚，这些标准都能体现出浓郁的地方特色和道路特征。目前行道树的配植要注意乔灌草结合，常绿与落叶、速生与慢长植物相结合；乔灌木与地被、草皮相结合，可在行道树绿带中适当点缀草花，构成多层次的复合结构。

图9-21　行道树绿带（1）

图9-22　行道树绿带（2）

图9-23　行道树绿带（3）

图9-24　行道树绿带（4）

图9-25　行道树绿带（5）

③分车绿带

分车绿带是指车行道之间可以进行绿化的分隔带，其位于上、下行机动车道之间的为中间分车绿带；位于机动车道与非机动车道之间或同方向机动车道之间的为两侧分车绿带。分车绿带宽度由道路的不同而各有差异，窄者仅有 1 m，宽者可有 20 m 余米，在分隔带上的植物配植，首先要以满足交通安全的要求，不能妨碍司机及行人的视线为原则。窄的分隔带上可种高度不超过 70 cm 的低矮灌木及草皮，如低矮、修剪整齐的杜鹃花篱。随着宽度的增加，分隔带上的植物配植形式也多样起来，可规则，可自然，也可布置成街心游园，要利用植物不同的姿态、线条、色彩，将常绿植物，落叶的乔、灌木，花卉及草坪地被配植成高低错落、层次参差的树丛、观花或观叶孤立树、花径、岩石小品等各种景观，以达到四季有景的效果。一些色叶树种如紫叶李、银杏、栾树、五角枫、黄栌等都可配植在分隔绿带上。需要注意的是配置植物时要处理好道路交通与植物景观的关系，如在道路尽头或者车辆拐弯处不能配植妨碍视线的乔灌木，只能配置草坪、花卉及一些低矮灌木。

图9-26 分车绿带（1）

图9-27 分车绿带（2）

图9-28　分车绿带（3）

图9-29　分车绿带（4）

图9-30　分车绿带（5）

图9-31　分车绿带（6）

图9-32　分车绿带（7）

图9-33　分车绿带（8）

图9-34　分车绿带（9）

图9-35　分车绿带（10）

图9-36　分车绿带（11）

图9-37　分车绿带（12）

图9-38　分车绿带（13）

图9-39　分车绿带（14）

图9-40　分车绿带（15）

图9-41　分车绿带（16）

④路侧绿带

路侧绿带是指道路的侧方在人行道边缘至道路红线之间的绿带。从广义上讲路侧绿带也包括建筑物基础绿带。由于绿带宽度不一，因此，植物配植各异。国内常见的路侧绿带形式是用爬山虎等藤本植物作墙面垂直绿化，用直立的法青或女贞等植物植于墙前作为分隔，如绿带宽些，则以此绿色屏障作为背景，前面配植花灌木、宿根花卉及草坪，外缘用绿篱分隔，以防行人践踏破坏。绿带宽度超过 10 米者，也可用规则的林带式配植或布置成花园林荫道，植物配置采用乔灌草相结合的方式，植物品种宜多样化，以形成较好的植物群落。

图9－42　路侧绿带（1）

图9－43　路侧绿带（2）

图9-44　路侧绿带（3）

图9-45　路侧绿带（4）

图9-46 路侧绿带（5）

图9-47 路侧绿带（6）

图9-48 路侧绿带（7）

图9-49　路侧绿带（8）

图9-50　路侧绿带（9）

图9-51　路侧绿带（10）

图9-52　路侧绿带（11）

⑤街头绿地

街头绿地是指在城市干道旁供居民短时间休息用的小块绿地。它主要指沿街的一些较集中的绿化地段，常常布置成“花园”的形式，有的地方又称其为“小游园”。街头绿地以绿化为主，同时有园路、场地及少量的设施，可供附近居民和行人作短时间休息。绿地面积多数在 $1km^2$ 以下，有些甚至只有几十平方米。街头绿地的形式各种各样，周围环境也各不相同，但在布置上大体可分为四种类型，即规则对称式、规则不对称式、自然式、规则与自然相结合式。不同类型各具特色，具体采用哪种形式是要根据绿地面积大小、轮廓形状、周围建筑物（环境）的性质、附近居民情况和城市管理水平等因素综合考虑。街头绿地中的设施包括栏杆、花架、景墙、坐凳、宣传廊（栏）以及水池、山石等。

图9-53　街头绿地（1）

图9-54　街头绿地（2）

图9-55　街头绿地（3）

图9-56　街头绿地（4）

图9-57　街头绿地（5）

⑥交通岛绿地及道路转弯处绿地

交通岛，俗称转盘，设在道路交叉口处，主要功能是组织环形交通。通过对交通岛绿地的合理配置，可以强化交通岛外缘的线形，引导驾驶员的行车视线，特别在雪天、雾天、雨天时可强化交通标线、标志的作用。沿中心交通岛内侧道路绕行的车辆，在行车视距范围内需采用通透式配置，交通岛绿地不能布置成供行人休息用的小游园，需保持与各路口之间行车视线的通透，可布置成装饰景观绿地，导向岛绿地应配置绿篱、色块和地被植物。道路转弯处绿地是重要的节点绿地，一般以乔灌草多层次配置的观赏植物群落为主。

图9－58　交通岛绿地（1）

图9－59　交通岛绿地（2）

图9-60　交通岛绿地（3）

图9-61　交通岛绿地（4）

图9-62　交通岛绿地（5）

图9-63　交通岛绿地（6）

图9-64　交通岛绿地（7）

图9-65　交通岛绿地（8）

图9-66　交通岛绿地（9）

图9-67　交通岛绿地（10）

⑦路头和与高架衔接处绿化

路头绿化是形成道路绿地景观的重要节点，一般以低矮的植物结合有特色的景物配置，以起到装饰街景和引导交通的作用。高架道路是我国城市快速道路的重要组成部分，这一区域具有地价高，交通用地不足，交叉口间距较近的特点。平面道路与高架道路衔接处会形成若干形状各异的空地作为绿化用地，这里的绿化配置既要考虑交通安全，又要考虑景观美化作用，一般以绿篱色块植物和草坪地被植物为主，起到交通导向和装饰美化的作用。

图9-68　路头绿化（1）

图9-69　路头绿化（2）

图9-70 路头绿化（3）

图9-71 路头绿化（4）

图9-72 路头绿化（5）

图9-73 路头绿化（6）

图9-74 与高架衔接处绿化（1）

图9-74 与高架衔接处绿化（2）

图9-75　高架衔接处绿化（3）

图9-76　高架衔接处绿化（4）

图9-77　高架衔接处绿化（5）

河道水系绿地的设计与赏析

（一）河道水系绿地的概念和功能

1. 河道水系绿地的概念

河道绿化是指在城市河道蓝线内【包含水域、边坡、陆域（含防汛通道）等区域】实施的园林绿化。

图10-1　河道水系绿地（1）

图10-2　河道水系绿地（2）

2. 河道水系绿地的功能

1）生态保护功能

河道水系绿地是城市绿地系统的一个重要组成部分，是城市空气对流的绿色通道。这类绿地在保护城市生态环境，缓解城市热岛效应等方面起着重要的作用。

图10-3　河道水系绿地（3）

2）景观休闲功能

回归自然，亲近水体是城市居民的共同愿望，而建设发展中的城市空间有限，因此须对河道进行综合开发利用，建设城市中的河道景观，为人们提供更多休闲场所，是现代城市发展的需求。

图10-4 河道水系绿地（4）

3）促进城市经济发展功能

城市河道景观的开发建设不仅可以改善城市环境质量，提升城市的生态景观，满足人们的休闲、文化精神需求，还能增添城市吸引力，对城市的经济发展有着重要意义。

图10-5 河道水系绿地（5）

图10-6　河道水系绿地（6）

图10-7　河道水系绿地（7）

（二）河道景观规划的原则

1. 综合性原则

河道水系绿地要在保证河道航运、引排水等基本功能的前提下，充分考虑河流的生态修复、水质净化、水土保持及环境美化功能的需要，并要确保居民亲水活动时的安全。

图10-8　河道景观的规划（1）

图10-9　河道景观的规划（2）

2. 协调性原则

河道水系绿地要反映滨水的特性，注意与地域整体风貌相协调。要根据当地绿化系统规划，与其他绿化建设有机结合，突出绿廊布局，以形成完整的城市绿地系统。

图10-10　河道景观的规划（3）

图10-11　河道景观的规划（4）

3. 自然性原则

河道水系绿地要坚持生态功能优先，因地制宜、适地适树；同时坚持保护和新建相结合，并尽可能将河道自然地貌和植被融入整个河道水系绿地建设中。

图10−12　河道景观的规划（5）

图10−13　河道景观的规划（6）

4. 整体性原则

河道水系绿地要与河道建设同步规划、设计、施工，建设与管护并重。

图10-14　河道景观的规划（7）

图10-15　河道景观的规划（8）

5. 经济性原则

河道水系绿地要与当地经济、社会发展同步，因地制宜、节俭高效；统筹前期建设与后期管护，尽可能降低前期建设成本和后期的养护费用，实现河道水系绿地的可持续发展。

图10-16　河道景观的规划（9

（三）河道水系绿地的设计要求

1. 河道水系绿地的设计要根据规划要求，在满足河道、堤防安全的前提下，研究分析河道特性、水文条件、岸滩结构和绿化功能需求，确定河道水体、边坡和陆域绿化种类（品种）、植物配置方式，完成工程设计。

2. 河道水系绿地的竖向设计应满足河道规划断面要求，兼顾防汛和亲水设施需要，创造多种空间形态，丰富景观层次，并尽量就地平衡土石方；同时应考虑植物的生态习性，特别是不同水生植物对水深和光照的要求；水生植物种植的坡面应在 30° 以下。

图10-17　河道景观的规划（10）

3. 河道水系绿地在设计时应尽可能保留和利用规划区内原有的天然河流地貌，以生态型自然驳岸为主，必要时可因地制宜作适当改造，宜弯则弯、宜深则深、宜浅则浅、宜滩则滩，驳岸坡度适度，满足土壤自然要求，以丰富生态类型。

图 10-18　河道景观的规划(11)

4. 植物种植配置应尽可能构建完整的适应水陆梯度变化，亲近自然的植物群落，体现水生植物、湿生植物和中生植物分布的连续变化过程，以提高水岸结构的稳定性和群落的多样性；尽可能保存和利用原有的自然植被，特别是古树名木和体形较好的

图10-19　河道景观的规划（12）

孤植树；熟悉水生植物的习性，科学确定其种植密度。

5. 水域绿化应根据水质、水文、光照等条件选择植物种类和配置方式。对水流急、流量大、有通航或引排水要求的河道应根据河道断面、水域宽度、水位变化、滩面状况等条件，因地制宜地进行水域绿化，一般河道的水域绿化应根据水体生态修复的需要开展，适当布置浮水、沉水、挺水植物种植床、槽或生物浮岛等，避免植物体自由扩散。

6. 边坡绿化应根据护岸类型、水深、淹水时间等条件，选择不同耐淹能力的植物种类；水位变动区应选用挺水植物和湿生植物种植，以减缓水流对岸带的冲刷，水位变动区以上区域应以养护成本低、固坡能力强的乡土中生植物为主。不宜大面积使用养护成本高的草坪，不宜大面积采用整形植物。

图10-20　河道景观的规划（13）

图10-21　河道景观的规划（14）

7. 陆域绿化部分应根据河道功能定位开展绿化，植物种类选择和配置方式要反映河道特色，以自然式的群落为主；对景观要求较高的河道，应增加植物群落的通透性。

8. 不能进行改造的直立防汛墙，在不影响安全的前提下，可选择合适的攀缘植物或柔枝植物进行墙面垂直绿化，以软化硬质墙体，增强绿视效果；为避免垂直绿化过于单调，应尽可能丰富植物种类和配置方式。岸堤上的路面铺装、栏杆等应尽可能地采用透水透气、维护成本较低的材料，不宜使用花岗岩、大理石、不锈钢、玻璃、金属等材料。

图10-22　河道景观的规划（15）

图10-23　河道景观的规划（16）

9. 合理利用跨河桥梁、驳岸、园林建筑小品，以及设置景观灯、灯饰和灯带等，营造多彩缤纷的水中倒影，提升城市形象 、增添城市魅力。

图10-24　河道景观的规划（17）